U0106071

小腦袋思考大世界

我們為何在這裏？

南希·迪克曼　著
安德烈·蘭達扎巴爾　繪

新雅文化事業有限公司
www.sunya.com.hk

推薦序

多發問，多思考，開啟智慧和知識寶庫

從幼年時開始，我們就認識到日子由白天和黑夜組成，春天去了秋天會來。為什麼會有這些現象？原來大自然有其規律，而人的意志絕不能影響自然運作，無論我們多麼期待今天去郊外旅行，都不能改變天氣突然變壞而出不了門。

但如果人不能控制自然規律，那誰可以？為什麼會有自然規律？又到底為什麼會有自然世界呢？再追問下來，我們就不只知道太陽會升起又落下、冬天來了天氣轉冷的常識，還會逐步深入了解自然科學的知識，甚至可能掀起一場「哥白尼革命」。

自古以來人們相信地球是平的，因為在日常經驗中，我們感覺是生活在靜止的平地上，天上的太陽和星星都是圍繞我們而轉，直至五百年前，波蘭天文學家哥白尼經過長年的觀察，論證其實是地球和其他行星圍繞太陽運行，才推翻地球是宇宙中心的說法，徹底改變了人們的世界觀。

哲學史上亦出現過一次重要的「哥白尼革命」，那是二百多年前，由德國哲學家康德提出。康德指出我們認識的世界，只是透過我們人類的角度來了解，但世界的真正面貌是怎樣子，我們其實不知道。一頭河馬對世界的認知，就絕對和人類不同，儘管我們都是生存在地球上的生物。康德的主張所以重要，是因為當我們了解到自己的觀點原來有局限，就能用更開放的態度，來了解他人以至別的文化。

哲學被譽為「學科之母」，是因為哲學研究的問題，幾乎涵蓋所有領域，但更重要的是，要了解任何事物，都需要敏銳的思辨能力，為問題提出合理說明，而思考哲學問題，最能訓練理性能力。

《小腦袋思考大世界》叢書，引導孩子思考「如何幸福地生活？」、「究竟什麼是幸福？」等等。這些哲學問題其實相當日常，在人生的不同階段中會反覆碰到和思考，塑造出我們的人生觀和世界觀。**從小培養孩子對本書中問題的探討興趣，不僅可訓練理性思考能力，還同時養成面對問題的開放態度，打造一把理性鑰匙，開啟智慧和知識的寶庫。**

曾昭瑜
資深兒童哲學教育工作者
香港大學文學及文化研究碩士
倫敦大學哲學學士

哲學是什麼？

哲學的英文是Philosophy，意思是**對智慧的熱情，猶如對愛情一樣**。哲學就是通過不斷地提出問題，從而更了解這個世界。科學家也會問問題，但哲學家會專注在一些無法通過實驗找到答案的問題上，例如本書提及的問題！

美的定義是什麼？神真的存在嗎？什麼才是對的？哲學家思考許多這類型的問題，他們未必會找到確實的答案，但相比起求得答案，思考和討論的過程更為重要！

其實，你也可以成為一名哲學家。只要你對身邊的事物保持好奇，經常思考那些令人費解的問題，並與朋友討論，你就是哲學家了。例如，你們可以討論什麼是美，你們對美的看法是否一致？你甚至還可以從朋友的觀點中有所得着。

目錄

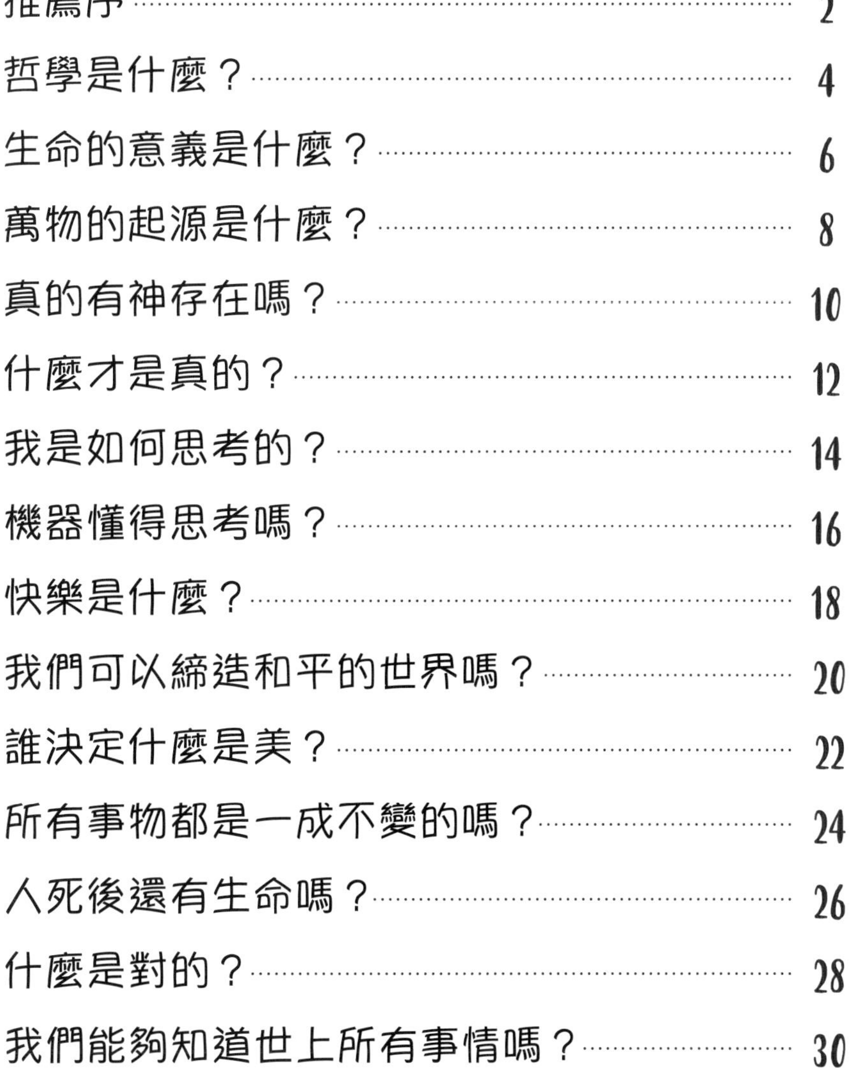

生命的意義是什麼？

今天是美好的一天。你和朋友在公園裏玩得興高采烈，爸爸在準備你最愛的午餐。生活竟是如此美滿！

這些美好的時刻曾否引發你的思考？你或許會問：「為什麼生活不能每天都如此有趣？」有時我們會感到無聊或沮喪，甚至會遇到重重困難。到底生活應該是充滿着樂趣，還是意味着苦悶？

事實上，我們為什麼會存在於這個世界上？生命是為了某個目的而存在的嗎？還是說人類只是浩瀚宇宙裏面沒有意義的一瞬間？一旦你開始提出問題，一切答案皆有可能！現在請你扣好安全帶，我們的思想之旅即將開始……

萬物的起源是什麼？

祖父祖母雖然年紀很大，但恐龍比他們更早出現，而地球又比恐龍更早出現。儘管如此，相較於浩瀚宇宙中其他的星體，地球又算是一顆年輕的星球。

在宇宙出現之前是否有可能存在着另一個時空？如果有的話，那麼宇宙出現之前的世界是怎樣的？有沒有可能是空蕩蕩的、一無所有？既然什麼都沒有，那宇宙又是怎樣開始的？

對這些問題，找不出答案也不要緊。其實，這幾千年來，世界上有許多偉大的思想家也和你一樣一直在尋求這些問題的答案！

是先有雞，還是先有蛋？

這是一道著名的問題。那麼到底是先有什麼呢？應該是先有蛋吧，畢竟小雞就是從蛋中孵化出來的，但話說回來，要先有一隻母雞才能生出雞蛋啊！這不是一道生物題，「雞生蛋、蛋生雞」只是其中一種思考萬物起源的方式。

真的有神存在嗎？

試想像有一個空盤子在你眼前，然後突然之間，一個比薩出現在盤子上。大功告成！

當然，這在現實生活中不可能發生，你不能無中生有！你必須要準備足夠的材料，才能夠製作出美味的比薩。

雖然宇宙並不是比薩，若宇宙是一種食物，它也不及比薩美味；但是我們可以用比薩比喻作宇宙，思考宇宙起源的問題。宇宙真的可以憑空變出來嗎？你相信真的有人可以創造宇宙嗎？

許多人相信神就是那個創造宇宙的「人」。他們認為這個世界的構造太完美了，不可能是隨機出現的，一定是由某種特別的力量精心設計，然後創造出來的，但是我們能夠證明神的存在嗎？

什麼才是真的？

蘋果是真實的，我相信大家都認同。你看得見它、觸摸到它、也能品嘗它的味道。同樣地，你也能看見並觸摸到大樹、腳踏車和貓。

但是只有五官感受到的才是真實的嗎？你無法觸摸到愛，也無法把它吃進肚子裏，但當你深愛着某人，你可以確實地感受到愛是真實的。同樣地，你也可以真實地感受到快樂和恐懼。所以無論是情緒還是想法，它們都和物件一樣是真實的。

我可以相信我的感官嗎？

我們不能單靠感官來決定什麼是真實的，有時候你會被你的感官捉弄！看看圖中的三條線，你覺得這三條線的長度是相同的嗎？試用尺子量度它們的長度，你會發現你被你的感官欺騙了！

我是如何思考的？

人類懂得理性思考，擅於邏輯推理，這意味着你能夠運用你的感官和以往學過的知識解決問題，通過思考問題來找到答案。

一隻狗有四條腿，身上長有皮毛，有兩隻眼睛、兩隻耳朵、一條沾滿口水的舌頭和一條左右搖晃的尾巴。根據不同的品種，狗的外形看起來也十分不同，雖然如此，但每當你看到牠們，你還是會知道牠們都是狗！藉着理性思維能力，當你看見一個生物完全符合狗的描述，你便會自動判定這是一隻狗。

只是，理性思維並不總是正確的，例如：吃午餐時，你吃到的都是橙色的蘿蔔，這使你以為所有蘿蔔都是橙色的，但世界上其實還有白色、紅色、甚至紫色的蘿蔔！

機器懂得思考嗎？

你的大腦像電腦一樣運作，它先從你的感官獲取信息，然後通過思考處理信息，再控制身體做出反應。

大腦是生物的重要器官，而電腦則由各種線路組成，你認為電腦可以像大腦一樣思考嗎？有些事情電腦的確可以做得很出色，例如數學；但電腦並不擅於擬訂計劃和提出創意，相較之下，人類的大腦在這方面表現更佳。

　　許多科學家致力於電腦研發，讓電腦可以像人類一樣思考，我們稱這種電腦為人工智能，即是AI。大部分電腦只能根據預設的程序工作，但某類新型的電腦具備和人類一樣的學習能力；儘管如此，人類跳舞還是比機器好看！

快樂是什麼？

正如大部分的情緒和感受，快樂也是很難用言語來形容的。有些人覺得快樂是一種很溫暖舒服的感覺；另一些人會覺得快樂是充滿動力的生活，猶如喝汽水一般爽快。

我們會因為大大小小的事情而感到快樂，例如：與朋友共度時光、幫助他人、閱讀一本好書、感到安全和被愛；這一切都讓人感到非常快樂。

　　埃琳娜站在跳水台上，準備一躍而下。今日陽光普照，她的心情開朗。埃琳娜喜愛跳水，她喜歡跳水時那種飛翔的快感。

　　接下來輪到亨利跳水，可是他一點也不快樂，他畏高，他之所以爬上跳水台，是因為怕被朋友嘲笑他不敢跳水。跳水讓埃琳娜感到快樂，但亨利寧願去踏腳踏車。這很正常，因為每個人都是不一樣的！

我們可以締造和平的世界嗎？

試想一下，地球上所有人都很快樂，他們生活在安全的地方，有足夠的食物可以吃，各自有自己的職業；你認為世界可因此而變得和平嗎？

人類的紛爭，通常始於兩個人想要得到同一樣東西而起，如果我們可以得到所有想要的，或許我們就不必爭吵了。但有時，引發戰爭是基於國與國之間抱持不同的想法，例如：人們擁有不一樣的宗教信仰和政治立場，在這種情況下，擁有再多而充足的食物也無補於事。

我們該如何平息紛爭？

　　爭吵和戰爭都不是解決紛爭的唯一方法。我們可以通過對話，嘗試理解他人的感受，在對話間，你可能需要做出一定的妥協，妥協是指你要放棄一部分自己的想法或想要的東西。

誰決定什麼是美？

伊莫金喜歡貓，她認為自己的愛貓祖諾是世界上最美麗的貓。她帶祖諾參加貓咪選美大賽，但祖諾卻落選了，評判們的審美標準和伊莫金的審美標準明顯不一樣。

常言道，各花入各眼，意思是說有些事物你可能覺得美麗，但別人未必認同。不同的人對美麗的觀感是不一樣的，你能夠想出一樣東西是所有人都覺得美麗的嗎？

藝術一定要美麗嗎？

試問有誰會不喜歡把美麗的圖畫掛在牆上呢？但藝術不一定是美麗的。有些藝術作品是為了驚嚇觀賞者，有些則是為了讓觀賞者感到困惑，從而激發觀賞者深入思考作品的內容。

所有事物都是一成不變的嗎？

你和昨天的你並不完全相同，你可能長高了一丁點、你學習到新的知識、你還可能換了個新髮型！

古時候有思想家提出萬物無時無刻都在變化，植物在生長、河水在流動、人們生老病死；但是，也有其他思想家認為萬物恆久不變，只是我們的感官讓我們覺得事物在變化。你的想法又如何呢？

你可以兩次踏進同一條河流嗎？

從前，有一個男人走入河中釣魚；第二天，他又走進同一條河釣魚。這不就正正是能夠兩次踏進同一條河流的確據嗎！

但是，河水在不斷流動，今日的河流還是昨天那條河流嗎？釣魚的男人也可能成熟了或換了髮型，那個男人還是和昨天一樣的嗎？

人死後還有生命嗎？

沒有人可以回答這個問題。因為人必須經歷死亡，才能獲知真相，但人一旦死了，也就無法告訴他人真相了！

但這無阻人們不斷思考死亡這件事……

許多人相信人死後，肉身雖然死去，但靈魂依然活着，靈魂會前往一個和平的地方與逝去的親人朋友相聚，或者進入另一個身體展開新生命。也有些人認為人死後，靈魂會隨着肉身一同死去。

另一個想法是死亡可以帶來新生。每當動物和植物死去，它們的身體會腐化，為大地提供養分，讓新的植物茁壯成長。

什麼是對的？

「河馬有四條腿。」這句話是對的、還是錯的？這是對的，你可以透過數河馬的腿來找到答案，因為事實和陳述相符 ，所以前面這句話是對的。

再來一題，「橄欖很難吃。」這句話是對的、還是錯的？你或許覺得是對的，但所有人都和你有相同的的感受嗎？你可能從未吃過橄欖，只是因為你朋友這樣說，所以你就信以為真了。

你認為某件事是對的，並不代表它就是對的，有時候只是巧合吧了。比如有一天，你穿了你最愛的恤衫，那天下雨了；然後第二天，你又穿了同一件恤衫，那天又下雨了。因此你可能覺得是你穿的那件恤衫讓天空下雨了，但其實這只是巧合而已！

我們能夠知道世上所有事情嗎？

世上有太多我們想知道的事情了！今天會下雨嗎？哪種動物跑得最快？最美味的冰淇淋是哪一種口味？

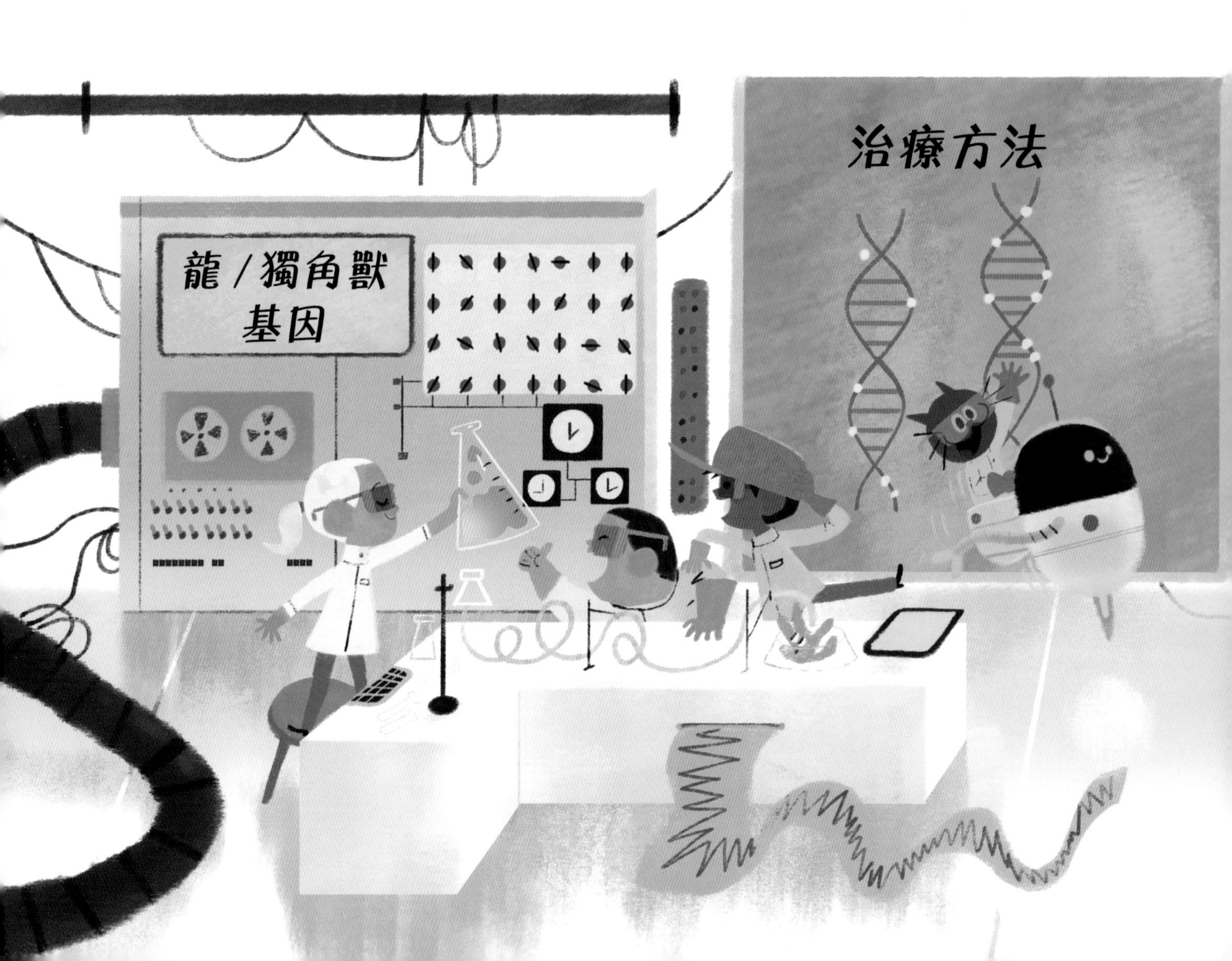

經過多年的研究，科學家已經找出許多問題的答案，例如：他們懂得人體是如何運作的，也發現了宇宙中遙遠的星體。科學家須要做出預測，然後反反覆覆地進行實驗來判斷這些預測是否正確，就算最後答案是錯誤的，他們也會有所得着。

有一些問題是我們永遠也無法找到答案的。宇宙開始之前有什麼東西存在？時空旅行是否可行？學海無涯，我們永遠可以追求更高深的學問！

小腦袋思考大世界

我們為何在這裏？

作　　者：南希・迪克曼（Nancy Dickmann）
繪　　圖：安德烈・蘭達扎巴爾（Andrés Landazábal）
翻　　譯：吳定禧
責任編輯：張雲瑩
美術設計：劉麗萍
出　　版：新雅文化事業有限公司
香港英皇道499號北角工業大廈18樓
電話：(852) 2138 7998
傳真：(852) 2597 4003
網址：http://www.sunya.com.hk
電郵：marketing@sunya.com.hk
發　　行：香港聯合書刊物流有限公司
香港荃灣德士古道220-248號荃灣工業中心16樓
電話：(852) 2150 2100
傳真：(852) 2407 3062
電郵：info@suplogistics.com.hk
印　　刷：中華商務彩色印刷有限公司
香港新界大埔汀麗路36號
版　　次：二〇二一年十一月初版

ISBN: 978-962-08-7882-4
Original Title: *Why Are We Here?*
First published in Great Britain in 2021 by Wayland

18/F, North Point Industrial Building, 499 King's Road, Hong Kong
Published in Hong Kong, China
Printed in China